国家林业局宣传中心 主持出版

**绿野寻踪**

# 羚 牛 的 故 事

**雍严格 孙晋强 编著**

**孙晋强 雍严格 蒲春举 摄影**

中国林业出版社

## 作者简介

　　**雍严格**：1949年出生，曾任陕西佛坪国家级自然保护区高级工程师，大熊猫研究中心主任。全国大熊猫保护管理咨询专家，在职研究生学历。几十年穿梭在秦岭腹地密林中保护研究大熊猫和秦岭羚牛等珍稀野生动物，从一位护林员成长为大熊猫专家和野生动物摄影师。

　　先后在国内外学术及科普刊物上发表研究论文40余篇，科普文章100多篇。荣获国家和省、部级科学技术奖10多项。曾与他人合作出版摄影画册3部，个人出版了《野生大熊猫》、《守望大熊猫》及《绿野寻踪——金丝猴》。

　　退休之后仍以自然摄影练体强身，以科普写作醒脑练心。《羚牛的故事》之后，还将有更多的故事奉献给读者朋友。

# 目录

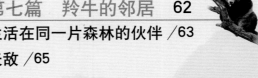

# 第一篇 认识羚牛

羚牛是一种大型的牛科食草动物。俗名又叫扭角羚、白羊、牛羚、盘角羊。

雄羚牛的体形

# 有着"四不像"的体形

羚牛的头像羊、角似鹿、蹄如牛、尾似驴，又可称"四不像"。其体型大小介于牛和羊之间，但牙齿、鼻子等更接近羊，在动物分类上属于牛科羊亚科羚牛属。

# 是牛还是羚

羚牛有着七分似羚，三分像牛的特征。它体型粗状、性情粗暴都像牛，头小、尾短像羚，叫声又似羊，所以就叫作"羚牛"了。

**羚牛指名亚种**
分布于印度、缅甸和中国西藏东南雅鲁藏布江以东的地方以及云南西北部（模式标本采集地）。全身为黑褐色。

羚牛指名亚种（董磊 摄于高黎贡山垭口－怒江）

# 不同亚种的特征

羚牛分布在我国和印度、尼泊尔、缅甸、不丹，根据不同的分布地又分出了不同的亚种。

1850 年 Hodgson 博士首次根据从印度获得的标本定名了羚牛。后来，中国动物学家、陕西动物研究所吴家炎研究员根据在中国发现的羚牛实体和标本的形态特征进行了深入研究，于 1986 年分别确认了羚牛指名亚种、不丹亚种、四川亚种、秦岭亚种等 4 个亚种。其中四川亚种和秦岭亚种为中国特有种。本书主要介绍秦岭亚种。

世界自然保护同盟 (IUCN) 将我国特有的两个亚种列入《红皮书》的珍稀级（Rare）中，我国政府也将羚牛列为国家一级重点保护野生动物。

**羚牛不丹亚种**
分布于不丹和中国西藏（雅鲁藏布江以西的地方）

**羚牛四川亚种**

分布于四川和甘肃。这个亚种吻鼻部为黑色，肩部至胸部为白色或金黄色；后腰至臀部和四肢为灰褐色与白色相间。

# 秦岭体型最大的动物

　　羚牛是秦岭山脉中体型最大的动物，通常成年羚牛肩高 100 ～ 130 厘米，尾长 15 ～ 20 厘米，体重 250 ～ 400 千克，雄性大于雌性。

**羚牛秦岭亚种**
仅分布于中国陕西的秦岭山脉。由于体色为白色或金黄色，又称金毛扭角羚。

# 第二篇 生活环境

秦岭山脉横亘于中国中部，东西长 400 ～ 500 千米，南北宽约 100 ～ 200 千米，是著名的长江水系与黄河水系的分水岭。峰峦起伏，山势险峻，森林茂密，是世界上最美丽的山区之一。

由于秦岭山地南北存在着地貌气候和植被等自然因素的显著差异，在世界陆生动物地理区划中，秦岭恰好处在古北界与东洋界的分界线上，南北方向的动物物种均向秦岭汇集，这种复杂而动荡的物理与生物环境，经过数百万年的自然选择而形成了动物生活环境的复杂性和多样性。

优越的气候条件和山体巨大的海拔高差，使秦岭南北的植被生长良好。丰富的植物种类，多样的植被类型，加上得天独厚的自然条件，给珍稀野生动物提供了良好的栖息地。有限的人类活动使野生动物能够避免与人类发生冲突。因此，秦岭地区拥有特别丰富的动物种类，并成为大熊猫、羚牛等许多孑遗物种的自然庇护所，这在中国大陆和世界各地都是罕见的。

# 栖居在高山

　　秦岭的羚牛常年生活在海拔 1500 ～ 3600 米的针阔叶混交林和针叶林中。

　　而羚牛指名亚种和不丹亚种的栖息地可达 5000 ～ 6000 米，分布在针叶林及高山草甸地带。

## 四季的选择

　　春天，低山的积雪融化，青草率先冒出了嫩芽，羚牛渡过了饥寒交迫的严冬，来到了海拔 1600 米以下的低山河谷中，寻找青草以改善生活。一些经过 9 个多月怀孕而将分娩的母羚牛，在这温暖的阳光下，选择平缓的地形，生下小宝宝。

母与子

夏季，随着气温的升高，高山上可食的植物开始生长发芽。羚牛都聚集到海拔 2200 米以上的针叶林中，取食可口的、营养价值高的各种嫩草、新叶。这个时期，许多羚牛的家群聚集到一起，它们谈情说爱、繁衍后代的时刻到来了。

早上在山岭上活动

夏季羚牛食物基地

发出求偶的叫声

成年的雌雄羚牛

秋季，高山气温急剧下降，草木开始凋谢，羚牛经过夏季热烈的追逐、放纵生活，开始要为入冬做准备了。它们以各自的家群为单位，下移到海拔低处，寻找没有干枯落叶的植物。

警惕的眼神

19

冬季是羚牛生活最艰苦的季节，寒冷、饥饿、疾病、天敌威胁着羚牛。羚牛群由低海拔的阔叶林再次向海拔 1800 ～ 2000 米的针阔叶混交林移动。这时能取食的植物不多，可以啃食一些含油脂的针叶树皮及苔藓，来维持生存所需的基本能量。

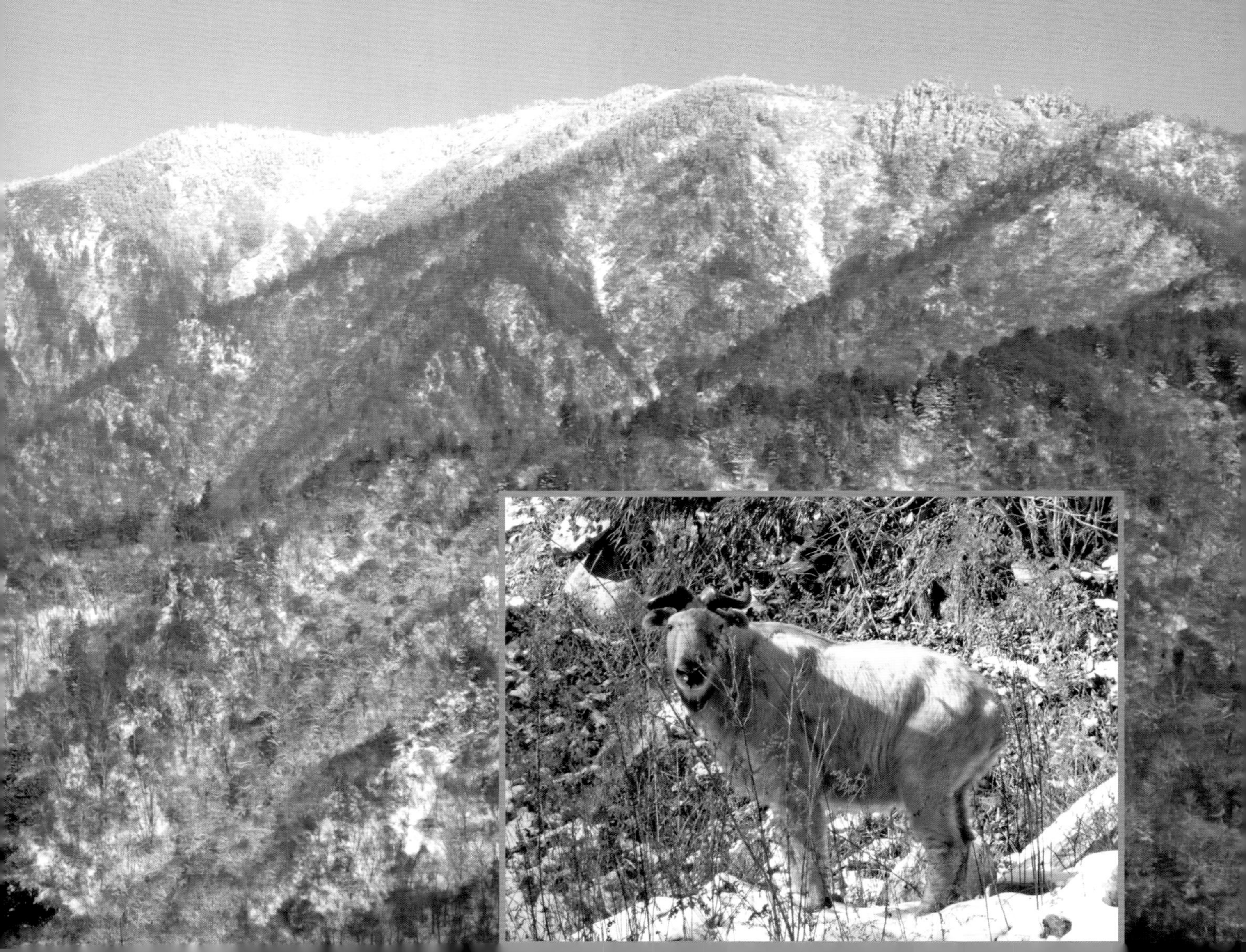

夜幕降临，羚牛向山顶集中寻找夜栖地

# 夜间栖息地

　　当夕阳收起余辉，躲进大山的背后时，羚牛群便集中到植被稀疏的石山或空旷的平台上夜栖。它们的夜间休息地都选择地势高、视野开阔的地方，这样来保证安全。这也是它们长期形成的习性。

羚牛夜宿

早上离开夜栖地进入林间觅食

# 攀崖高手

羚牛善于在悬岩峭壁上活动，只要石岩上能有一处放得下它的蹄子的地方，它就能让自己站上去，并使硕大的身躯保持平衡，不会掉下悬崖。

站立在岩顶和岩边眺望的羚牛，一般多为雌性，在群栖时称为"哨牛"，起着警戒和保卫牛群的作用。

年轻的雌性羚牛

第三篇 种群结构

老年雄性羚牛

成年雌性羚牛

未成年羚牛

# 体貌特征

　　年轻雄性羚牛毛色白净，颈部毛色白中透黄，随着年龄增长，毛色加深至金黄色。老年个体变为棕黄色。

　　雌性羚牛体毛为白色，背部有明显的灰黑色背脊线。

年轻的雄性羚牛

刚出生的幼仔

1 岁幼仔

亚成年羚牛的毛色虽然大部分已变为白色，但部分个体还保持着棕褐色背脊线，主要特征是它们的角短、直，还没有向后弯曲。只有成年后羚牛的角才向后弯曲。

当年出生的幼仔无角，全身毛色为棕褐色。在羚牛集群活动时，这些幼年羚牛会集中在一起角斗，做游戏，就像在"幼儿园"一样。

成年羚牛与当年出生的 3 只幼仔

雌性成年羚牛（它们的角是弯曲的）

亚成年羚牛（它们的角还没有弯曲）

# 辨别雌雄

羟牛在成年之后，单从毛色和体型方面很难区别它们的性别。只有经过科学观察，从角扭曲后两边弧度最宽处与两耳长度对比所占比例才可以确定。

雄性羟牛角的两侧最宽处，与其两耳耳尖长度相等；雌性羟牛角的两侧最宽处只能占到两耳长度的一半。

雌性羟牛面部特征

雄性羟牛特征

雌雄羚牛

雌性羚牛占主导地位的家群

# 母系社会

　　和其他动物种群不同，在羚牛家群中，成年的雌性羚牛是"家长"，当羚牛群迁移时，它总是走在群体的前面；当群体取食时，它又要站在高处不时向四周张望，负责警戒，一旦发现异常，马上发出信号，带领群体转移。

当夜暮降临时，各群的雌羚牛会集中起来，围成一圈，把幼仔们围在中间，以保护幼体的安全。成年雌性羚牛在群体中起着重要的作用，构成了一个"母系社会"。

# 第四篇 繁衍后代

成年羚牛下午走出林缘
开始觅食和求爱活动

羚牛群

育龄期雄性羚牛

亲吻

## 繁殖行为

　　雄性羚牛个体长到 5 岁半达到性成熟，雌性羚牛个体长到 4 岁半性成熟。这个时期，它们要通过各种行为进行种群繁衍。

　　生活在秦岭地区的羚牛，每年 6 ～ 8 月进入繁殖期，这期间，雌性羚牛通过排便和性器官的分泌物，将发情信息以气味方式散发出来。雄羚牛闻风而动，聚集到高海拔的灌丛草甸上，开始了对雌性的追逐、求偶和交配。这个过程很艰苦，也很残酷。只有成功者才能有机会繁衍自己的后代。

35

当雌性羚牛散发出发情信息后，雄性羚牛纷纷前来"求婚"。它们向雌性喷鼻，追逐着雌性嗅闻其阴部，不时地扬头、卷唇，表达着"爱意"。某一只雄性在得到雌性的"芳心"后，马上进行爬跨，交配完成后，双双发出低沉的叫声。

当两只雄羚牛都看中了同一只雌羚牛时，它们之间要发生争斗了。它们先是相互低头瞪向对方，然后以角相撞，撞击发出的声响可传至几千米之外，直到一方头破血流败下阵来为止。这时，胜者占有了雌羚牛，败者被赶走，离群成为"独羚牛"。

独羚牛离群后单独活动。它还会沿着山脊去寻找发情的雌羚牛，遇到了就尾随着进入雌羚牛的家群中。这时，群中原来占优势的雄性羚牛又要和它进行争斗。而独羚牛往往是屡战屡败，继续过独身的生活。

嗅闻阴部

喷鼻

卷唇

追随

37

角斗

爬跨

交配

交配过后发出低沉的叫声

# 生仔

怀孕后的雌羚牛，经过 9 个月妊娠，到次年的 2～3 月生产。每胎生一仔。刚生下的幼仔很快就可以站立，经过几个小时后就能走动了。

幼儿吃母乳的时间在半年左右。实际在 3 月龄时幼仔就能随母亲吃植物叶了。

出生一天的幼仔

4 月龄幼仔

哺乳

幼仔在"幼儿园"

# 羚牛"幼儿园"

羚牛有一个习性，产仔期，雌羚牛都集中到食物丰富、环境安全之处生产。而这个时期出生的幼仔一起长大，一起玩耍，休息时，成年羚牛把它们紧紧围住，保证它们的安全，这个环境就像是宝宝们的"幼儿园"。

羚牛幼儿园的小朋友

# 幼仔游戏

　　羚牛幼仔从出生到长成亚成体，就像人类幼儿一样，乖巧可爱。吃饱了奶，就相互追逐，顶头角斗，练就了生存的本领，也度过了无忧无虑的童年。

第五篇 生活习性

# 集群

　　羚牛和大多数食草动物一样要集群生活不同的季节集群形式不同通常会以家族群活动群体大小一般有二三只到十多只到夏季会集结成大群从二三十只到百只以上

　　平时活动时雌性羚牛要为整个家族的安全站岗放哨集大群活动时个体强壮的要起领头作用其他成员紧随其后

家族群

羚牛群

争偶失败的的"独羚牛"

羚牛家群（以雌性羚牛和幼仔为主，仅
有1～2只雄性羚牛）

45

同区域几个家群集结成社群。社群中通常雄性羚牛占有一定比例。个体间通过叫声传递信息。在一定时间内能够共同迁移、采食。社群的数量一般在 20～30 只。

在羚牛的繁殖季节，几个社群聚集在同一片山坡形成聚集群。短时间汇合，多时可达上百只。最集中汇合的时间不超过半个月。食物的丰富度和繁殖行为是决定羚牛集聚时间和规模的主要因素。

迁移群

"光棍"羚牛

一些年轻的雄性羚牛在争偶过程中失去优势后成为"光棍汉"它们独自游荡长期单独活动游走于羚牛群之间寻找新的机会参加争偶

休息

# 生活规律

羚牛的生活以白天活动为主，每昼夜大部分时间处于活动状态，主要活动时间是在日出后到日落前的时段。

秦岭的羚牛白天有 3 个活动高峰期，即清晨、上午及傍晚，分别出现在 06:00 ～ 08:00、10:00 ～ 12:00、18:00 ～ 20:00 时间段。白天的活动高峰期就是它们的觅食期。

中午钻进竹林休息，躲避蚊蝇

清早觅食

中午羚牛进入竹林或灌木
林中休息，躲避蚊蝇

躲进针叶林下

# 夏天的故事

　　早晨 7～8 点钟，当东方升起一轮红日时，早起的羚牛群开始了新的一天生活。雌羚牛忙着给自己的幼仔哺乳，雄羚牛在群中走来走去，时而在周围吃草，时而向家群张望。它们急躁的样子显然想趁太阳还未完全晒干草尖上的露珠，尽快享受一下大自然提供的可口早点。

　　上午 10 点左右，为躲避牛虻的骚扰，经过忙碌采食后的羚牛群钻进茂密的竹林和灌木丛中，有的靠着树干来回擦痒痒，消除

泥浴

傍晚，羚牛来到了林缘的裸石滩开始它们各自的游戏

活动中同伴一旦发出危险信号，整个羚牛群便开始逃去

一下寄生虫带来的不适；有的则用抵角撬开土坡上的草皮，躺在上边尽情地享受着泥浴；还有的静静地卧在地上反刍着上午吃下的食物。只有放哨的雌羚牛最辛苦，它们不仅要给幼仔哺乳，还要不时地到林缘或高处向四周观望，为群体站岗放哨。

下午2点到5点，太阳偏向西方，山风赶走了讨厌的蚊蝇，羚牛群来到了冰缘地貌形成的裸露砾石滩中。

亚成年和当年出生的小羚牛欢呼跳跃着，学着长辈的行为，用头抵来顶去做着游戏。

成年的雄性羚牛在这宽敞的环境中活动，或是嗅闻母羚牛后臀以讨得欢心，还不断地进行爬跨，以此来表达爱情的甜蜜。

下午6点至8点是羚牛在一天中活动的第二个高峰，它们抓紧在夜幕降临之前觅食。

当夕阳收起余辉，躲进大山的背后，羚牛群便集中到植被稀疏的石山或空旷的平台上开始夜栖。

羚牛在夜间除了卧地休息和反刍之外，一般没有大的活动。

那些单独活动的"光棍"羚牛会在夜间寻着有光亮的地方去看看。

# 第六篇 觅食

自然界把一年时光分为春夏秋冬四季，不同季节的气候为各种植物提供了不同的生存机遇。植物从春到冬经历着生根、发芽、开花、结实、枯萎的生命周期。而依靠植物为生的动物则利用植物不同季节生长的状况而变换、迁移地点，以选择最富营养、最适合口味的植物作为自已的生存食物。

悬岩上取食

啃食植物

# 啃食植物

羚牛的觅食行为似山羊,采食时是用上下唇扯断青草或树叶,而不像牛那样用舌卷食青草。姿势也似羊不似牛,在较高处的树干及灌丛上,它们还常以前肢搭上树干,后肢站立,采食树上的树叶。

羚牛采食的植物种类广泛,但它对所采食植物的部位具有一定的选择性,主要采食植物的嫩枝叶,也有啃食树皮的习性。

啃食箭竹叶

# 食物种类

　　羚牛采食的植物种类在春季、夏季多于秋、冬季。在秦岭的羚牛可采食的植物有160多种，其中草本占33%，木本占62%，苔藓植物和蕨类植物占5%。

秦岭冷杉+箭竹林

太白红杉

秦岭箭竹

巴山木竹竹叶

鼠李属冻绿

太白杜鹃

小檗　　　　　报春花　　　　　川赤芍　　　　木泽

苔藓

　　　乔木类有秦岭冷杉、太白红杉、巴山冷杉、报春花、鼠李属冻绿、太白杜鹃、密枝杜鹃、牛枝杜鹃等。

　　　灌木类有秦岭华桔竹、巴山木竹、山楂树、蒙古绣线菊、山梅花、头花杜鹃、悬钩子等。

　　　草本植物有报春花、川赤芍、蕨类、苔藓、绣线梅、木泽、太白雪莲、龙胆花、金莲花、大蓟等。

　　　每到冬季，草木枯黄，羚牛大多活动在中山针阔叶混交林带，寻找有油脂的针叶幼龄树啃树皮，因为这类幼树的皮薄且富含油脂，对羚牛越冬很有作用。

蕨类

密枝杜鹃　　　牛枝杜鹃　　　　山梅花　　　　山楂树　　　　悬钩子

绣线菊

高山金莲花

太白雪莲

龙胆花

大蓟

拐芹

野生菌

毛杓兰

石荚菜

羚牛啃食含油脂的松树皮后留下的痕迹

# 舔盐

历史上曾记载太白山中有食盐兽，就是指的羚牛。秦岭羚牛多在山洞、岩缝舔食崖盐。也喜欢到山区农家或深山营房的房前屋后舔食尿迹。

舔食盐

# 饮水

　　春、夏季，在野外能见到羚牛直接在山涧小溪或山岭上的出水点饮水。

　　在冬季高山水源结冰之后，羚牛就以舔雪的方式来补充对水分的需求。

羚牛饮水

羚牛饮水处

山道

羚牛经常沿着山脊活动，久而久之便踩出一条道路，也称为"山道"。无论是家群还是单独活动的"光棍"羚牛，都喜欢在山道上行走。

# 第七篇 羚牛的邻居

斑羚

金丝猴

朱鹮

灰斑角雉

金雕

# 生活在同一片森林的伙伴

　　羚牛在秦岭的栖息生境优美，生物多样性特别丰富。在这样的环境中和羚牛共同生存的脊椎动物有 400 余种，其中最为著名的有大熊猫、金丝猴、朱鹮、豹、熊、野猪、斑羚、鬣羚、林麝、毛冠鹿、红腹角雉、金雕、血雉等。

鬣羚幼仔　　　　黑熊（熊柏全　摄）　　　野猪

毛冠鹿　　　　林麝

豹（保护区红外线拍摄）

豺

# 天敌

　　羚牛的主要天敌是虎、豹和豺。现在虎在秦岭已濒临绝迹，豹和豺也因数量稀少，对羚牛种群的威胁有限。

65

# 第八篇　与人类的关系

# 相处和谐

羚牛不伤害农民的农作物。

过去曾经有村民将羚牛养大用作交通运输工具。

也传说曾有人将羚牛幼仔从小养大，驯化让其驮运行李，还可以骑行代步。

近年来有人提出将羚牛与山羊或其他食草动物杂交，产生出抗病力强、体型大、善于攀爬悬崖陡坡、适合放牧特点的品种，要是成功了，这个珍贵物种就能为人类作出更大的贡献。

在通往佛坪自然保护区的凉风垭物资转运站，没有住人。野外的羚牛经常会到房前屋后活动，在门廊下过夜，并留下一层粪便

公路对羚牛栖息地的影响

猎捕羚牛的钢丝套安装在山道上

盗猎者猎杀羚牛后剔肉并遗弃皮骨

### 独羚入村伤人

20世纪80年代，秦岭山区周边发生过多起羚牛闯入村庄或农户家中顶伤人事件。这是因为羚牛的栖息地大面积减少，人类生产生活对羚牛产生干扰，加上那些失群的独羚牛四处游荡，与人发生冲突的事就时有发生。

### 盗猎

一些违法分子为了猎取羚牛的肉，牟取暴利，使用高压电缆、钢丝套、铁夹等非法猎具杀害羚牛，对物种资源造成很大破坏。

### 交通设施

在秦岭已有两条铁路，还有数十条干线公路穿越秦岭，这些将羚牛的栖息地分割为若干斑块、片断，羚牛栖息地因此而破碎化。

# 疾病

　　疾病也是造成羚牛资源损害的原因之一。在秦岭山地中的有蹄类动物，包括斑羚、野猪、鬣羚，和羚牛一样，会感染病菌，致使动物皮下患干烙样坏死，身体逐渐丧失抵抗力衰竭而死亡，对种群的增长具有一定的影响。

冬、春季节患病的羚牛独自行进在雪地中。

患口蹄病

# 保护现状

　　羚牛是珍贵物种，我国政府为保护珍稀野生动物制定了一系列政策和法规：颁布了《中华人民共和国野生动物保护法》，建立了各类自然保护区。1998 年起还实行了天然林禁伐和退耕还林政策，秦岭林区因此恢复了宁静。经过近 20 年的自然修复，秦岭森林植被得到了恢复，为野生动物提供了更多的保护和更好的栖息环境。

　　目前，秦岭已建立了 16 处自然保护区，保护面积占秦岭羚牛栖息地总面积的 60% 左右，有 70% 以上羚牛得到了有效的保护。随着国家生态文明建设的发展，人们的保护意识不断提高，羚牛种群必将得到更好的保护和繁衍。

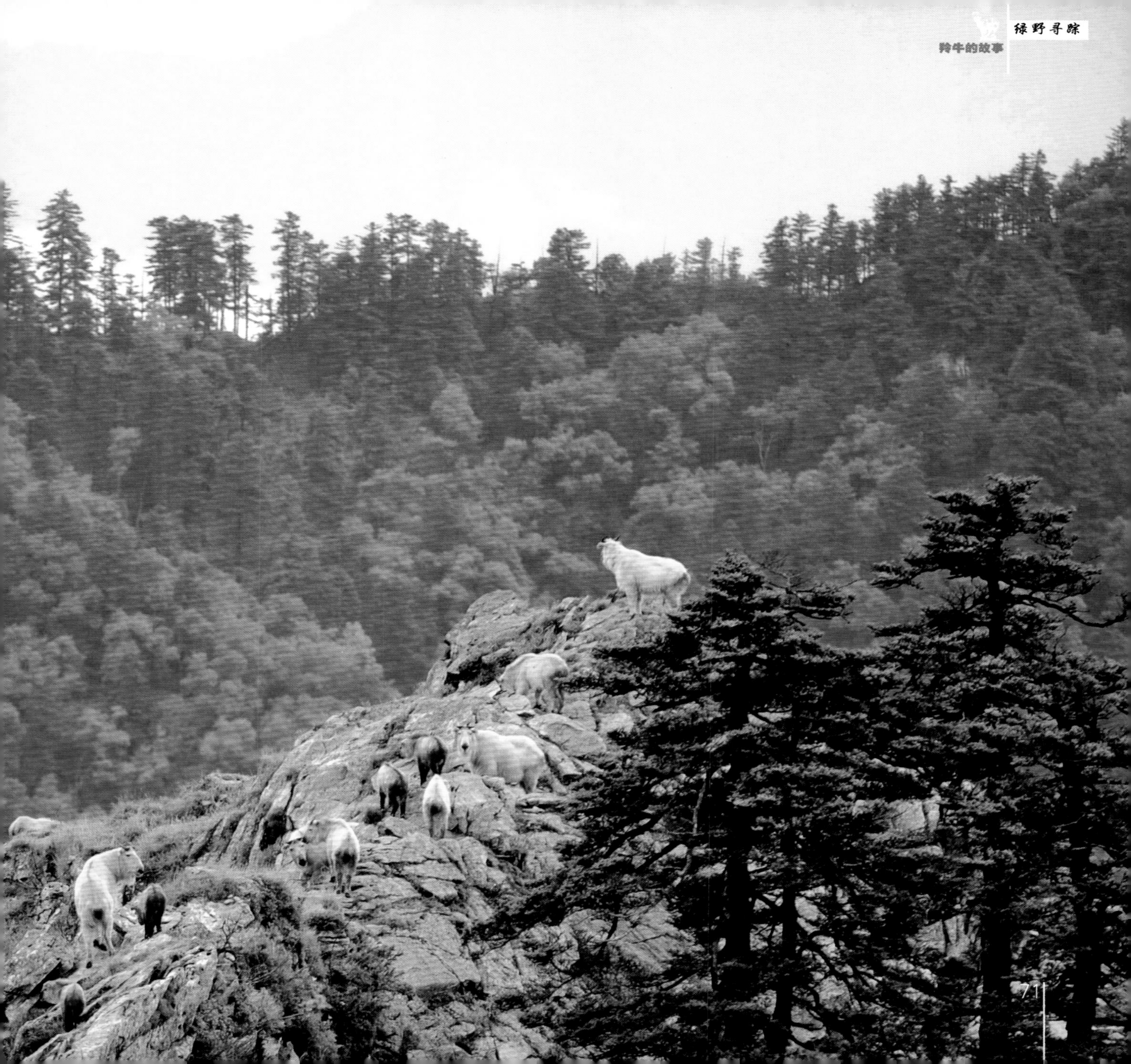

图书在版编目（ＣＩＰ）数据

羚牛的故事 / 雍严格, 孙晋强编著；孙晋强, 雍严格, 蒲春举摄.
-- 北京：中国林业出版社, 2016.12
ISBN 978-7-5038-8893-9

Ⅰ. ①羚… Ⅱ. ①雍… ②孙… ③蒲… Ⅲ. ①羚牛－少儿读物
Ⅳ. ①Q959.842-49

中国版本图书馆CIP数据核字(2017)第010889号


出　　版　中国林业出版社（100009　北京西城区德内大街刘海胡同７号）
网　　址　www.cfph.com.cn
E－mail　Fwlp@163.com
电　　话　(010) 83143615
发　　行　中国林业出版社
印　　刷　北京卡乐富印刷有限公司
版　　次　2016 年 12 月第 1 版
印　　次　2016 年 12 月第 1 次
开　　本　880mm×1230mm　1/24
印　　张　3
定　　价　20.00 元